# Regreso al origen

MÁS ALLÁ DEL REGRESO AL OLVIDO

# Regreso al origen

## MÁS ALLÁ DEL REGRESO AL OLVIDO

*Omar Peña Grau*

A Carl Sagan

# CONTENIDO

# Nota del autor

Este relato, de ciencia ficción, cuenta una segunda parte de la vida de Harry, el protagonista, donde cambia el rumbo de su vida, ya superada la epidemia que afectaba a la humanidad. Los "viajes" que emprende, son una persistente búsqueda, para llenar el vacío que lo consume ahora que ya no están sus compañeros de vida, su hijo Sam y su amigo Frank. Harry descubre, en este persistente camino del chamán, que puede ayudar a todos los que han sucumbido en la epidemia mundial que azotó a la Tierra, y de paso, liberarlos del eterno olvido. Encuentra la paz cuando vive experiencias que le permiten el regreso al origen, trascender el tiempo e identidad, que puede eliminar, reducir o retardar la enfermedad masiva del siglo XXI.

## SINOPSIS

El protagonista de esta historia, Harry, es físico y biólogo, que en el año 2250, experimentó una serie de aventuras de descubrimientos y peligrosas para sobrevivir a la epidemia mundial, iniciada en el año 2050, el comienzo permanente de las tormentas solares. Ahora, a fines del 2250, al atardecer, en un lugar de descanso, en su casa en la playa, recuerda todo lo que vivió, observando el testimonio grabado en el equipo de su hijo Sam, cuando escucha en su celular el aviso de alerta de la NASA, señalándole que se inicia el período de prepararse a entrar en el estado de conciencia cuántico, para el escape del olvido…pero él, hace algo que lo llevará inevitablemente a su REGRESO AL OLVIDO. Esto, inevitablemente lo llevaría a estar desprotegido de las tormentas solares que han estado ocurriendo periódicamente. Sin embargo, fortuitamente ocurre que se terminan los ciclos de explosiones solares, y ya no se requiere de escudos, como procesos mentales, para evitar sus influencias. Entonces, Harry da un vuelco a su vida y comienza una aventura de viajes de inmersión cuántica que aprendió con los chamanes en el tiempo que comenzó la epidemia mundial. Así, en esa realidad cuántica le permite revivir experiencias en los confines del universo y con sus antepasados lo que le permite redescubrir que este proceso puede reducir o terminar con la enfermedad extendida mundialmente en este período del siglo XXI, y encontrarle un sentido a su vida.

# INTRODUCCIÓN

Al término del año 2250, al atardecer, en una terraza en su casa en la playa, está solo Harry. Lleva en la mano el QB[1] con el que estuvo proyectando en la sala de estar. Suena su celular, avisando el comienzo del ALERTA PREVIA DE RADIACIÓN SOLAR, debido a una reciente tormenta solar. Se requiere entrar rápidamente al estado de conciencia cuántica. Solo restan veinte minutos para ello.

Harry, observa el comienzo del anochecer, al ponerse el Sol radiante, en el límite de la costa.

Las olas revientan espumosas en el roquedal, corre una suave brisa del mar, y los pájaros anuncian pronto que emigrarán a otras tierras. Todo esto es un canto a la Naturaleza de una belleza increíble. Pero todo esto, ya no causa ninguna emoción en Harry.

Ya está cansado de estar solo. Una lágrima corre por su mejilla. Recuerda a su hijo y su amigo que ya no están. Quiere volver a ser como antes.

Comienza a caer la noche. Harry sale a caminar hacia una loma. Se ve la silueta de Harry por el reflejo de la Luna, que observa en lo alto. Sigue sonando el llamado de alerta por su celular. Caen lágrimas de la mejilla de Harry. Tristemente,

---

[1] El casco Quantum Brain (QB), permite proyectar y conservar conversaciones. La Realidad Proyectada de Conciencia Cuántica (QRPC) se obtiene con un equipo QB, de efectos especiales, proyectando al espacio los pensamientos en conciencia cuántica.

observa el QB que lleva en sus manos, y lo lanza lejos contra las rocas.

Ha transcurrido un mes, un año, y ya no hay más explosiones solares que afecten a la Tierra. Así Harry escapó de verse involucrado a la influencia de la horrible enfermedad del siglo XXI: Alzhéimer, provocado por la acción de las tormentas solares a quienes no se protejan con cambios de conciencia.

# LA OMS AL RESCATE DE ENFERMOS

Ahora que ya se terminaron las explosiones solares, la OMS comienza a rescatar a los enfermos de Alzhéimer mediante un plan de modificación o alteración de la conciencia de los pacientes. Se descubre que estos procesos de ampliación de conciencia reestablecen las sinapsis entre las neuronas y las personas afectadas con síntomas preliminares de alzhéimer vuelven a estados normales. A Harry, que conoce de estados ampliados de conciencia desde sus investigaciones con chamanes durante el inicio de las tormentas solares en 2050, se le encomienda que elabore diferentes herramientas de ampliación de conciencia a experimentar con los pacientes y lo plasme en un informe orientado a la acción. Para ello, Harry vuelve a conectarse con chamanes y entrar en trance con otros participantes que le acompañan en estas experiencias para ver los efectos de tales procesos.

Antes de iniciar sus viajes de exploración Harry recordaba la crisis de la salud en los momentos más duros de la época.

Se hablaba mucho de la importancia del estado de ánimo, en la salud de las personas. Sin embargo, no reconocíamos realmente que este punto de vista es crucial para la transformación de la conciencia, y que la salud sería un cambio (evolución) de conciencia de un estado negativo a otro positivo. Las derivaciones de este enfoque, trajo profundas repercusiones para el campo de la salubridad pública. Hoy se sabe y reconoce, que todos estamos expuestos a las diversas enfermedades, pero, sin embargo, algunos son afectados por ellas, dejando inmunes a los otros. Parecía ser que, además de la presencia de los agentes virales, debían presentarse ciertas condiciones favorables para que actúen y provoquen malestar al paciente. Entonces, también podemos decir, que debe haber ciertos factores que inhiben la presencia patógena de estos agentes virales. Aquí nos estamos refiriendo a condiciones fisio-psicológicas o psicosomáticas que detienen, retardan o paralizan la acción de los agentes virales. Ahora creemos que este factor psicosomático está relacionado con las estructuras arquetípicas de la conciencia. Así, podemos encontrarnos en un estado de conciencia arquetípico, que favorece la acción viral, como en otro estado que inhibe esa acción.

- Tom: ¿Existen factores que inciden en nuestra salud por nuestra personalidad?

- Harry: Existen clínicamente antecedentes de que cierto tipo de personalidades, con tendencia al fracaso, favorecen la aparición de algunas enfermedades y, personalidades con tendencia al éxito, atraen la salud.

Hay estudios de que enfermedades graves, como el cáncer o un ataque cardíaco, están asociadas a cierto tipo de personalidades. También, situaciones de estrés, conflictos internos, aburrimiento, ansiedad, depresión, frustraciones y cualquier cosa que produzca tensión nerviosa, activan efectos psicosomáticos que se traducen en predisposición a enfermar de úlceras al estómago, enfermedades al corazón, hipertensión sanguínea, molestias digestivas, asma bronquial, etc. De ahí, podemos afirmar, que algunas estructuras de la conciencia arquetípica son propensas a favorecer la aparición de enfermedades, y otras estructuras de la conciencia arquetípica pueden traer inmunidad a las enfermedades y la tranquilidad que ofrece la salud.

- Harry: Vimos, que alguna estructura arquetípica negativa, es propensa a favorecer la aparición de enfermedades específicas, y si se logra modificar el estado de conciencia, a otro de estructura arquetípica positiva, es factible revertir, remover o alterar el efecto psicosomático.

Por otra parte, existen personas propensas a los accidentes, que tienen una actitud negativa hacia sí mismas y hacia el mundo que les rodea, con sentimientos de culpabilidad, inseguridad y expectativas negativas, todo lo que las hace vulnerables a los probables accidentes a que se ven enfrentados. De ahí, la importancia de la afirmación del refrán "el valor de la propia imagen". Conocidos son los cambios en la salud de pacientes cancerosos; cambios en la inmunidad, que provoca la prestación de servicios de ayuda; cambios de personalidad por cambios de apariencia física; cambios de hábitos de comportamiento y de formas de pensar; cambios que, en resumen, dan sensación de felicidad, tranquilidad y estado de salud general.

- Harry: Hubo que cerrar el ingreso a los hospitales a muchos enfermos, pues estos establecimientos estaban sobrecargados de pacientes. Se instalaron grandes recintos, carpas y containers, para acomodar a los enfermos. En algunos establecimientos quedaron abandonados, dado que los enfermeros y doctores sufrieron también la pérdida de la memoria, en ocasiones, cuando estaban operando.

# LA UNESCO EN LA EDUCACIÓN MENTAL

Después de ver los resultados positivos, de la intervención de los procesos de conciencia ampliada, en el mejoramiento de la salud física y mental de los pacientes, que experimentaron con Harry en los viajes del plan piloto encomendado por la OMS, la UNESCO establece un convenio con Harry para que desarrolle una herramienta educativa a aplicarse en las aulas de las instituciones educativas que enseñe cómo acceder a la realidad cuántica.

Harry piensa que el vuelco que debe realizar es un gran cambio a lo que ocurría hace un tiempo en la educación.

La educación, en esos días, no había estado orientada a la formación de los individuos, desde el punto de vista de la obtención de un bienestar espiritual. Hasta la propia educación se veía como un factor de consumo. Se "compraba", indirectamente, mediante exámenes y pruebas, un conjunto de paquetes de conocimientos. Así nos hacíamos dueños de ellos. Incluso se nos daba un certificado de dominio. Se iba creando, mediante la profesionalización, de un poder económico y social. El individuo, entonces, orientaba su educación hacia todas aquellas profesiones que le significaban y aseguraban preferentemente un bienestar material. Por ende, los valores no formaban parte de este modelo de enseñanza. Se suponía que, por añadidura, una vez obtenido el bienestar económico se dispondría de una actitud humanitaria hacia la sociedad. Dado que pocos tenían la suerte de obtener una vida de bienestar material, la actitud agresiva y de crisis de la sociedad era el resultado de la orientación de este modelo de la realidad. Esto no era un problema simple que podía ser resuelto con aumentos de recursos financieros, controles de disciplina, acuerdos entre las partes y otros factores distractores de lo que es efectivamente una verdadera "buena educación".

Hubo que entender, que no se intentaba reemplazar la educación tradicional por otra, sino que se complementaba con estrategias holísticas de aprendizaje.

Ahora, ¿por qué el joven estudiante y sus profesores sentían un malestar profundo en sus conciencias? y, que a veces explotaba en una crisis, y buscábamos cualquier pretexto para explicar aquella. Quizás, en las profundidades de sus conciencias, ellos sabían que hay otras formas de educación y que el sistema imperante les ocultaba o no les ayudaba a sacar su creatividad dormida. Ésta debía ser la tarea de todos, la de ofrecer las facilidades de la expresión creadora del ser. Una educación de la persona entera, cuerpo, mente y espíritu. Era una aventura de la educación.

- Harry: Cuando se produjo la crisis mundial, hubo situaciones inmanejables en la educación: profesores que olvidaban cuando estaban haciendo las clases; alumnos que iban a la escuela y perdían el rumbo; desconocían a sus amigos escolares, sus salas, sus casas, egresados que terminaban su carrera y en un día olvidaban todo, etc.

# LA OIT TOMA CARTAS EN EL ASUNTO

Durante gran parte del tiempo, en que ocurrieron las tormentas solares, hubo mucha paralización de trabajos a causa de la enfermedad o epidemia del alzhéimer. Ahora, decide implementar las recomendaciones que ha hecho Harry a la OMS y UNESCO pues esto tiene amplias repercusiones favorables a la organización laboral, respecto de lo que era antes de estas modificaciones.

- Tom: Y, ¿qué pasó con el empleo y trabajos, cuando estalló todo este caos?

- Harry: El escenario habitual del trabajo cotidiano, operaba como un proceso del pensamiento de un sistema cerrado, un enfoque del trabajo bajo los viejos paradigmas y conceptos de la ciencia, sustentados en una visión cartesiana (división de las parte), como una forma de organizar el trabajo. Una forma de vivir en "certidumbre", que permite elaborar estrategias que desplazan fuera a la creatividad, como para mantener "programada y controladas las metas". Este era un sistema de pensamiento lineal.

- Tom: ¿Cómo se hacía el trabajo antes y qué problemas tenía?

- Harry: En el establecimiento como espacio de sistemas cerrados.

Se daba gran importancia en la programación de las tareas, para mantener una certidumbre y estrategias para enfrentarlas. Esto, trae como consecuencia aspectos revelados y previamente pronosticados en sus partes constituyentes (el todo es igual a la suma de sus partes). Gran aumento de la burocracia (jerarquía), con una disminución simultánea de la autonomía del trabajador, lo cual va a llevar a una centralización del poder en la toma de decisiones jerárquicas. Esto, trae una disminución en la eficiencia y creatividad. Impedimento a que interactúen redes informales con las estructuras formales. Incremento en la participación colectiva, de forma vertical, con la aparición de "líderes" permanentes para tareas específicas.

- Tom: ¿Qué más pasaba en el trabajo?

- Harry: Los trabajos eran segregados en estructuras fijas. Impedimento en las relaciones e interacciones de módulos de trabajo. Había poca circulación de la información. Disminución de la transparencia de la información y de la flexibilidad en el trabajo, con poca o nula libertad en tiempos, espacios o lugares de trabajo.

Se daba mayor importancia a las metas que a los procesos. Se mantenía los trabajos en permanente competencia. Incremento de los sistemas de mediciones de calidad (calificaciones) a los seres vivos, para definir responsables. Y, el trabajador debía mantener una visión seria y preocupada de las labores, no existiendo una preocupación física y mental del trabajador.

- Harry: Hubo casos en que la gente olvidaba lo que estaba haciendo y abandonaba su trabajo. No respondía en forma correcta a sus jefes, sino en forma airada. Otros permanecían en sus puestos con una mirada vaga. Muchas empresas cerraron sus puertas pues no había gente para hacer los trabajos. Algunos no iban a trabajar, por olvidarse que eran empleados.

# EXPERIENCIAS DE AMPLIACIÓN DE CONCIENCIA

Uno de los aspectos más relevantes en el conocimiento de los alcances de la conciencia es ponerse en contacto con la realidad que vive un chamán. Además de todas las realidades no ordinarias reseñadas anteriormente, también en un encuentro con un chamán, podemos enfrentarnos a una experiencia personal, trascendiendo toda explicación de la ciencia oficial respecto de la causa y efecto, del espacio y tiempo, de la comunicación telepática, de la relación interpersonal, de la curación mental a distancia, de los fenómenos de sincronicidad, de los efectos del pensamiento en el organismo.

Las implicancias de aprehender este conocimiento, son enormes tanto en la medicina, educación y cultura tradicional, pues significa que la realidad consensual hasta ahora existente no es tan real como parece, ya que en verdad, nunca hemos estado separados y que ello sólo es una ilusión de los sentidos de la que debemos despertar para llegar a ser realmente libres.

En el año 2020, se veía un programa de televisión en que se decía, más o menos, lo siguiente:

En el año 1000, las comunicaciones se efectuaban en el entorno inmediato y para llevar un mensaje a otra parte, se utilizaban los caballos. En el año 2000, las personas se comunicaban inmediatamente a la velocidad de la luz, por todo el planeta, a través de internet. Para el año 3000, se espera que exista una comunicación directa de los seres humanos y no se requiera de equipos, estableciéndose un contacto virtual con todos los seres y cosas del planeta o con otras dimensiones.

Y, en otro canal de televisión, en esos tiempos, se planteaba también, que en el futuro el hombre aumentaría su capacidad de la mente, a tal punto de "ver" con los ojos cerrados o un ciego, ver colores en los sonidos (sinestesia) y muchas otras capacidades que en un futuro estarían al alcance de todo el mundo.

Harry descubrió que desde el 2250 tenemos los medios y la tecnología que permite, en meditación cuántica con música, trascender en forma virtual la identidad hacia aves, peces, animales, vegetales, minerales y humanidad en general; trascender el espacio, trasladándonos hacia otros lugares y trascender el tiempo, viajando a otras épocas. Además, podemos acceder al conocimiento directo de la relación de los objetos con las personas (psicometría) y obtener información clarividente y telepática. También, esta tecnología (neurocuántica) puede ser aplicada en superaprendizaje virtual y en biorresonancia mórfica para la salud. Ya se viene aplicando en estos campos. ¿Cómo podemos acceder a esto? Existe un programa de meditación cuántica modular, que mediante un proceso vivencial, se obtienen estos fenómenos virtuales.

En otras palabras, En estados de meditación cuántica, podemos aprender directamente en tres dimensiones, a color y en movimiento, con todas las sensaciones que produce la inmersión cuántica, identificarnos con el comportamiento de un ave, pez, animal, vegetal o mineral; experimentar visiones del mundo del origen de las ideas y de creación de las "formas platónicas"; Viajar a otros lugares conocidos o desconocidos de otros tiempos; Comunicarnos sin lenguajes ni gestos, sino en forma telepática en resonancia con los objetos de las personas (psicometría). Todas estas aplicaciones, en la educación, permiten acceder a un conocimiento directo e intuitivo de la realidad, que están disponibles, actualmente, y que pueden complementar el conocimiento tradicional, ofrecido por los organismos e instituciones educativas.

Del mismo modo, se puede aumentar la eficiencia y productividad del trabajo hasta límites increíbles, mejorando sustancialmente la concentración, elaborando nuevas ideas, estructuras y modelos solo empleando algunas técnicas de meditación cuántica, que permiten extraer información del inconsciente para aprender, comprender y crear nueva información, con el mínimo esfuerzo por parte del individuo. Existen técnicas que van disminuyendo las tensiones y el estrés, aumentando la concentración y visualizando los temas a desarrollar, lo que permite efectuar con pleno éxito las labores individuales y colectivas. La aplicación de estas técnicas en las empresas, puede hacer de ellas "empresas líderes de la eficiencia".

Todas estas capacidades de los seres humanos, vislumbradas en las investigaciones de Harry, le motivaron a ir al encuentro de estas experiencias de ampliación de conciencia que obtuvo con varias personas que cambiaron su forma de ver la realidad desde una visión sensorial a una visión cuántica de ampliación de conciencia. Las experiencias que había experimentado Harry en sus anteriores encuentros con chamanes, debía corroborarlas con la participación de otras personas para eliminar cualquier efecto placebo y, así, poder ser aplicada a la totalidad de la población. Entonces comenzó a desarrollar un proyecto de experiencias del ciclo evolutivo.

# REGRESO AL ORIGEN

De todas las experiencias que había conocido, a Harry le llamó la atención el proceso de la evolución de la conciencia desde los orígenes del universo hasta nuestros días. Para ello tomó como base el "Calendario Cósmico" (CC) diseñado por Carl Sagan.

Carl Sagan, en su calendario cósmico, comprime los 15 mil millones de años equivalentes a un período de un solo año. Cada mes, equivale a 1250 millones de años; cada día representa 40 millones de años; cada minuto corresponde a 30 mil años y cada segundo 500 años. Entonces, el Big Bang ocurre el 1 de enero, el origen de la Vía Láctea el 1 de mayo, el origen del Sistema Solar el 9 de septiembre, la formación de la Tierra el 14 de septiembre, el origen de la vida el 25 de septiembre, la formación de las rocas el 2 de octubre, la formación de los insectos alados el 22 de diciembre, la formación de los árboles el 23 de diciembre, la aparición de los dinosaurios el 24 de diciembre, la aparición de las aves el 27 de diciembre, la extinción de los dinosaurios el 28 de diciembre, la aparición de los primates el 29 de diciembre, la formación de los grandes mamíferos el 30 de diciembre y el 31 de diciembre a las 22:30 hrs. aparece el hombre. Como dice Sagan: "23.46 hrs. los seres humanos han dominado el fuego; 23.59.20 hrs., comienza el aprovechamiento de las plantas y animales, la aplicación del talento humano para fabricar herramientas; 23.59.35 hrs., las comunidades agrícolas emigran a las grandes ciudades. Nuestra historia ocupa solamente los últimos segundos del último minuto del 31 de diciembre."

Después de saber, que allá en la inmensidad del tiempo, hace 15.000 millones de años, se inició la evolución cósmica a partir de un diminuto punto de enorme energía que al explotar se expandió hasta nuestros días dando origen al proceso de evolución del universo, dentro del cual nosotros somos un diminuto punto importante, Harry comprende que puede volver a recrear o regresar al origen con su inteligencia, pues somos hechos de las mismas partículas que vienen desde el comienzo del universo.

Entonces, Harry comenzó a "viajar" en sentido inverso al calendario cósmico, un *regreso al origen*, desde ahora hacia el comienzo, el Big Bang[2]. En conciencia cuántica podía trascender el espacio-tiempo e identidad, para vivir experiencias de como "estar allí" en las diversas épocas de la historia del universo:

---

[2] Actualmente existe un programa de Experiencias del Ciclo Evolutivo (EXCE) desarrolladas por el autor, que persiguen obtener este tipo de experiencias obtenidas por personas en ambientes de exploración de la conciencia, las cuales son verídicas y se incorporaron en esta historia de ciencia ficción.

# En el presente, 31 de diciembre, el último segundo del Calendario Cósmico (CC): Viaje interestelar.

## 31 de diciembre, desde las 23.59.59 hrs. a las 23.58 hrs. del CC. Formación de culturas.

23.59.59. Vi un teatro con cortinas de terciopelo roja y butacas rojas, donde estaban representando una obra con personajes estilo rey Luis XVI con vestimentas muy lujosas. De ahí, me trasladé a esa época en un palacio donde predominaba el dorado en su decoración con salones muy lujosos.

23.59.59. Me encontraba en una batalla de la época medieval y morían los soldados a mí alrededor. Era un jinete parecido a un hombre.

23.59.59. Pude visualizar un jinete que se sacó la máscara de su casco, un jinete medieval al cual no reconocí.

23.59.59. Se me pasó en forma fija la idea de monjes sin rostro en un ambiente oscuro, medieval.

23.59.59. De mi viaje por el tiempo, visualicé dos escenas; la primera en la época medieval, me siento asociada como un caballero con armadura. Siento, veo y escucho el golpeteo de las herraduras del caballo en el suelo de unas calles de piedras. Todo muy rústico. Luego, veo un hombre en Londres, en el siglo XVIII. Entra en un bar, sube una escalera, y se mira en un espejo. Está triste. Veo claramente su traje, su pelo cobrizo, tez blanca y su ropaje de la época. Aquí estoy disociada, miro todo.

23.59.56. Estuve primero en un castillo y bajaba escaleras para saludar a los súbditos. Después me trasladé a la época de Cristo y lo seguía para escuchar sus prédicas.

23.59.56. "Pensé dónde ir, y elegí la época de Jesucristo, Pensé en ir a encontrarme con Jesús por lo que esperaba ver aparecer soldados romanos en sus carros, o algún pasaje conocido de sus milagros o el de niño, o mejor si solo estábamos en algún sitio de noche con la fogata prendida los apóstoles y teniendo esas enseñanzas en directo de su boca.

Pero todo estaba oscuro y esperé, esperé y nada ocurrió; entonces pedí claridad pero nada pasó. De pronto me fijé en la música, esta iba haciéndose cada vez más fuerte; eran como murmullos, que se acercaban, yo aún en la oscuridad empecé a distinguir como voces, estas se acercaban y ya eran coros de millones de voces y cuando mi corazón se llenaba de esos coros angelicales algo en el suelo estalló en miles de reflejos luminosos, se abrió el piso y emergió un espectáculo fabuloso, estaba presenciando la resurrección de Jesucristo de los muertos.

Su figura iba a la cabeza pero no definida, sino incorporada a todos y era una masa metálica dorada, era oro sólido y líquido, todos iban allí, el reino animal, mineral, vegetal, toda la creación de color dorado, pero aunque fundidos a Él, cada uno tenía su independencia mental, aunque formando parte del todo.

Me llené del brillo esplendoroso que despedía el ser mientras subía y subía y mientras seguían subiendo Jesucristo decía: "Padre lo he logrado, el mal ha sido derrotado, subo con ellos a ti, por la eternidad", y la música marcaba cada una de sus frases y todos a una sentían tal gozo que el brillo dorado se hizo casi de fuego ardiente, no quemaba, solo aumentaban los sentimientos inefables.

Yo no podía decir nada, solo miraba y sentía algo tan grande que, como no tenía mi cuerpo, me empecé a elevar y a incorporar a todos, sentí una acogida como nunca la he sentido en esta tierra, sentí su gozo, el gozo colectivo de formar parte de una nueva creación y subimos, subimos. En eso, la relajación ha terminado; ahora empieza el ejercicio y la música cambia a otra totalmente etérea, como algodonosa, celeste, azul, blanco, verde rosa, una mezcla de todos esos colores suaves y todo cambió. Con Jesucristo a la cabeza, entramos por una puerta hacia un lugar donde había campanitas y ellas se unieron a todos y aportaron la música de la naturaleza celestial y así por seis o siete puertas, todos entramos y nos llenábamos de lo que el cielo tenía para completarnos.

Lo que pasó fue que mientras fluíamos en ese torrente cristalino como de agua, aire, lo que sentí fue de que esto es el hombre verdadero, lo que yo sentía, lo sentían todos; no es fácil de explicar, lo he hecho lo mejor que he podido, pero aun así no está completo; y pensé que cuando quise ir al pasado no pude ver nada porque ya no existía, al ir el nuevo hombre hacia el cielo todo lo terrenal se quemó al llegar al cielo cambió de forma y se llenó con lo que había allí y resultó lo más grandioso que es la fusión de una creación única y eterna; lo perfecto!! todas las sensaciones juntas.

Aún ahora que lo estoy escribiendo, siento miles de sensaciones que no había imaginado sentir, saber que puedes querer hablar con alguien y está allí contigo que todo es lindo, no hay mal en nada ni en nadie, ¡no existe más!¡¡no hay penas!!

Pero también supe que esta experiencia terrenal hay que vivirla tal como se presenta, porque es un privilegio experimentar al hombre de pecado para experimentar en toda su dimensión al hombre verdadero, porque ¡¡¡ese es el eterno!!! ¡¡¡ y real!!!"

23.59.55. Visualicé una mujer hindú, de color aceitunado, que se desplazaba por calles de una época pasada. Luego llega a un palacio lleno de jardines; ella bailaba al estilo de la época y luego recorría los salones del palacio, lleno de oro y de contornos de esa cultura... Cambio de paisajes y personas... Era una sensación de tranquilidad y paz. Sentía peso en mi cabeza y cuello, en la parte de atrás del cuerpo.

23.59.54. Luego vi en una mesa un mapa con una corona de rey encima y esta comenzó a deformarse hasta convertirse en una nave vikinga que iba a la guerra. Me vi como un hombre con vestimenta de esa época hasta que finalizó la meditación.

23.59.53. Estuve en Grecia, en la época de Platón. También anduve en mi infancia.

23.59.53. Comencé a sentir el temor que tenían los guerreros, que sabían que al otro día morirían en la batalla. Yo comprendía lo que pasaba por sus mentes.

23.59.52. Comencé estando en Egipto y de pronto estaba en la época de Cristo y vi a Jesucristo en la cruz. Viví el calvario y lloré y sufrí este momento.

23.58.00. También hubo experiencias de "viajes" a Lemuria[3]

# 31 de diciembre a las 22:30 hrs. del CC. Aparece el hombre.

Estaba en una cueva en la época de las cavernas. Mi ropa era solo una piel de animal. Sostenía un palo en mis manos frente a una gran fogata que iluminaba la cueva. Mi pelo estaba muy desordenado.

En otra experiencia, recorrí una gran caverna, sentí y vi su gente, yo incluida en una tribu de ambiente prehistórico, donde todo tenía un orden, como cazaban, recolectaban hierbas.

Cuando fuimos cavernícolas, pasé sentada al lado del fuego, solo miraba, sin moverme.
.

# 30 al 27 de diciembre del CC. Formación de los grandes mamíferos, primates y las aves.

30. Veía con los ojos el nivel de la superficie del agua y me di cuenta que el caimán que flotaba en el agua era yo.

30. Me encontraba en la selva con mucho temor. De pronto se me fue el miedo. Me había convertido en tigre.

30. De pronto escucho un gemido de alguien y me convierto en un tigre en la selva para ir en su ayuda.

30. Me encarné en mi perrita; partí desde la plaza de mi villa; primero me vi como era ella, muy linda, blanca con manchas negras y solamente tenía ganas de jugar, correr y observar; me dirigí al sur, a un lago muy hermoso y mi mayor diversión fue correr.

30. Salí de mi casa, de mi dormitorio con una vaca hacia el campo, pero veía el mar; la playa. Caminando me encontré junto a mi marido e hijos como somos hoy en día; vi nubes blancas, pasto verde y luego el mar, un atardecer. Luego un río, y nuevamente mi familia conmigo, en tranquilidad; los lugares eran todos conocidos.

30. Me vi en un prado verde amplísimo; vi un árbol frondoso en el medio y yo dirigiéndome hacia allí mientras un perro blanco jugando, saltando en mi alrededor; visión clara, pero breve.

---

[3] Lemuria es el nombre de la última parte del Gran continente que existió en el Pacífico Mu. La verdadera destrucción de Mu y su subsiguiente hundimiento empiezan en los 30,000 AC. Esta acción continuó por muchos miles de años hasta que la última porción del antiguo Mu, conocido como Lemuria fue también sumergida en una serie de nuevos desastres, los cuales terminaron entre 10,000 y 12,000 AC.

30. Fue una imagen monótona. Un caballo (supuestamente yo) corría por el campo en el ocaso y no paraba de hacerlo; lo que más me emocionaba era sentir la brisa y tener la sensación de algo inalcanzable.

30. Visualicé una mancha en la piel o en la tierra con forma ovoide que se fue cambiando de color café y algunas partes brillantes, en algún momento casi me sentí caballo, imagen que perdí rápidamente.

30. Me visualicé como un perro y recorrí varios lugares, partiendo de mi casa, salí por la carretera, llegué a la playa, la recorrí, me encontré con una vaca, seguí recorriendo varias partes que no recuerdo con exactitud por unos cambios de la música me desconcentraban, pero estoy consciente de que recorrí varias partes. La vaca estaba en el campo. Al primer cambio de la música, me estaba quedando dormida y de ahí me desperté un poco.

30. En el animal que pensé fue un caballo negro y brillante y el inicio del recorrido de este caballo fue de un lugar verde con una gran montaña verde atrás; empezó a galopar en forma lenta y poco a poco tomaba velocidad y empezaba a recorrer un camino largo, rodeada de una gran cadena de montañas, con bastante vegetación, en la cual tenía caídas de agua.

30. Me visualicé con un elefante muy grande, lindo y dulce; antes de la música, salí montada en él desde mi casa y sobrevolamos calles de la ciudad y traspasamos la cordillera hacia otros países; quería volar con él hasta el África y caminar por la selva, pero al escuchar la música sentía estar en un lugar distinto a la selva, pero muy lleno de vegetación, con todo verde y pájaros cantando y una cascada de agua y sólo quería quedarme allá.

30. En realidad empecé siendo un caballo que salía desde la partida del club hípico y corría por un camino que a mí desde chico andaba (casa de abuelo) pero de pronto me veía dando vueltas por el cielo dando círculos igual como un cometa, pero en cosas de segundos vi que iba hacia un paisaje verde, cosa que era nueva pero en ese momento trataba de averiguar ¿Cuál era ese lugar? Y reaccionaba; hubo varios lapsos de lugares que no conocía pero al tratar de buscar o saber qué lugar era, me desconcentraba, pero era agradable la sensación de viajar volando siendo un caballo que volaba y aterrizaba. Fui a la cordillera y veía al caballo que se deslizaba hacia abajo y me dio frío.

30. Me vi como un perrito coker spanish, que salía desde la plaza que está a una cuadra de mi casa y desde ese momento yo me fundí con el perrito y corrí feliz, sin cansarme, recorriendo caminos, cerros, pastos, mar, calles. Luego de recorrer millones de Km. Siempre corriendo y feliz, volví a mi casa muy contenta de estar nuevamente ahí. Terminé relajada, cansada y contenta.

30. Vi un tigre; no partí de ningún lugar sino que inmediatamente me vi en un lugar con pasto alto, había viento, pero agradable; siempre permanecí en el lugar sola, jugué, acaricié y luego el tigre se transformó en una manada de ciervos que se disolvían.

30. Comienzo siendo un ciervo que está en un hermoso prado, rodeado de flores y un riachuelo con aguas cristalinas. En este paisaje me muevo. Más tarde, viajo a hermosas playas de aguas quietas y de hermoso color que bañan arenas blancas y suaves. Más tarde, vuelvo a ser ciervo y sigo en el hermoso prado.

30. Partí siendo una tonina. Era parte de la tonina; di vueltas en la bahía y pasó un barco negro. Me uní al barco y salté un rato a su lado. Pero me aburrí de esa monotonía y partí hacia Tahití a ver los peces de colores. Ahora andaba bajo el mar, a ras de la arena. Estaba muy iluminado y era arena blanca; veía escenas con sirenas coloridas que pasaban entre ramas del suelo del agua. No volví sino hasta que se terminó la música.

29. Volaba entre las nubes como gaviota, de pronto me acercaba a ras del mar y me dio miedo porque no sabía nadar. Esta sensación de vértigo me llevó hacia la tierra y de pronto me encontré entre una manada de gorilas en la selva.

28. Colores, una gran bola de fuego que giraba en el cielo; de repente vi árboles, flores, animales y al final un gran incendio arrasando todo.

27. Me sentí un águila que planeaba en la región. Sentía el aire que tocaba mis alas, como era planear, sin hacer esfuerzo. Le pedí bajar para sentir como movía su cuerpo. Era sentirme libre, igual que ella. Me comuniqué con lo que ella sentía, su libertad, su fuerza y su libertad.

27. Como águila me vi volando desde un cerro y abajo veía bosques y ríos totalmente desconocidos. Después me desconcentré y me preocupé de los ruidos externos y de cosas que me pasaron durante el día, por lo que perdí totalmente mi relajación.

30 y 27. Primero sentí al lado mío, como parte mía un perro. Salí de mi casa, corriendo sin saber cómo ya estaba en un sitio en el cual había mucha vegetación y agua; caminamos por la orilla del río y de pronto me sentí volando, era un ave y miraba mientras volaba muchos bellos paisajes, bosques entre cerros y agua (ríos). De pronto sentí la música como que venía del mar y me vi con otras aves juntas en la orilla del mar. Luego emprendí el vuelo nuevamente por sobre aquellos árboles de un verde maravilloso y sobre un agua muy cristalina.

30 y 27. Primero me convertí en caballo. Después empecé a volar como un Pegaso hacia el sol.

30 y 27. Me sentí como un caballo que revolotea por colinas; luego el espacio se me hizo estrecho y me convertí en un ave con enormes alas abiertas, volando suavemente alrededor de un campo; iba y venía.

30 y 27. Primero todo negro, luego una imagen de perro pequeño jugando en el pasto; después veo un ave que observa una carretera con verdes campos a los costados de ella; luego se va la imagen y empiezo a sentir calor hasta transpirar.

27 y 30. Venía volando como un pájaro en el mar. Divisé unas ballenas y me convertí en ellas.

27 y 30. Sufrí una transformación; de águila me convertí en delfín y después en mariposa.

27 y 30. En lugar de concentrarme en un solo animal, mi visión eran tres, una garza, un cisne, un felino; se mezclaban entre ellos. Luego de una larga pausa me vi envuelta en círculos de niebla o nubes que se me acercaban logrando con esto quedarme definitivamente con la garza volando a través del océano en un atardecer lleno de colorido. Volví al lugar de partida. Paz.

27 y 30. Vi un pájaro que volaba por campos y selvas amazónicas, todo verde, lleno de vegetación y ríos, luego me convertí en un caballo salvaje que corría y estaba con una manada por lugares más conocido como campo de la zona central; finalmente me convertí en pez que bajaba por una cascada, que luego llegaba al mar y en las profundidades encontraba un naufragio con un barco pirata, con un tesoro.

## 24 de diciembre del CC. Aparición de los dinosaurios.

Me veía dentro de una cueva, y con lanzas intentábamos alejar al dinosaurio que nos amenazaba.

## 23 de diciembre del CC. Formación de los árboles.

Me desorienté con la meditación. Finalmente veía árboles muy altos, de troncos café. Todo tan denso que no podía ver más allá. Me acerqué a uno de ellos, sentía su energía, él solo existía y no tenía expectativas de nada.

Pude ver claramente las hojas brillantes, escuchar el ruido del río, oler el viento, escuchar los pájaros y toda la naturaleza en todo su esplendor a mi alrededor. Un profundo sentimiento mezclado de recuerdos, del encuentro con la naturaleza, el contacto con el agua, con la tierra, con el aire. Mezcla de nostalgia, de estar consciente de que esto tan hermoso como es la naturaleza, el hombre la está destruyendo; pena.

Me vi en un prado verde amplísimo; vi un árbol frondoso en el medio y yo dirigiéndome hacia allí.

## 22 de diciembre del CC. Formación de los insectos alados.

A medida que continuó la meditación tuve una visión de una chinita (insecto) que posteriormente se acercó a una jirafa. Las manchas de la chinita se integraron en las manchas de la jirafa.

## 2 de octubre del CC. Formación de las rocas.

Recuerdo la frase del evangelio, "Pedro, tú eres piedra, y sobre esta piedra edificaré mi iglesia". Siento la piedra sobre mi mano y la otra mano encima siente la textura de mi piel.

Luego, acariciando la piedra se transformó en una caverna obscura con estalactitas.

La piedra elegida fue una porosa de color café; mi concentración fue al tacto, primero con las yemas de los dedos y después con las manos; lo más impresionante fue los poros que contenía la piedra ya que me daba cuenta de la gran cantidad en su contenido con el tacto pero que al mirar con los ojos, los poros desaparecían; mi tacto podía sentir mucho más cantidad de poros en tan pequeña piedra.

Nunca me imaginé la piedra, solo al apretarla sentía vibraciones que subían desde los dedos hacia la cabeza y que cambiando de manos y empezar a hacer menos fuerza igual se mantenían las vibraciones, como si estuviera lleno de energía; era muy agradable, que jugaba con la energía;

La piedra me la imaginé de color azul al comienzo luego se puso roja oscura, pero siempre había un haz de luz al centro que brillaba; cosas que imaginé al tacto, en brazos de guaguas, caminos que se desenrollaban como alfombras y terminaban a los pies de una figura, campos con flores amarillas, cavernas, remolinos.

Imaginé la piedra del mismo color que la que realmente tiene, luego me vino a la mente unos dragones pero no terribles, sino como de caricatura; en algún momento sentí que se podía moldear como plasticina, pero no resultó; finalmente lo encontré como un sapito petrificado que estaba encogido.

# Del Calendario Cósmico: 14 de septiembre formación de la Tierra, 9 de septiembre origen del Sistema Solar, 1 de mayo origen de la Vía Láctea, 1 de enero ocurre el Big Bang.

A través de la piedra, me contacté con la Tierra; me sentí roca volcánica, y de ahí, un viaje por el magma incandescente. Escuché y sentí la pena del planeta por el inadecuado trato que tiene el hombre con nuestro planeta. Veía imágenes de tierras deforestadas, llenas de erosión, sin bosques. Sentí una profunda pena; fue una experiencia fuerte para mí.

Me pasan muchas imágenes; era como ir a la velocidad de la luz.

Salí expulsado por una enorme energía luminosa. Fui proyectado hacia el cosmos, crucé tres soles y visualicé un color azul profundo.

Recuerdo haber visto el anillo de Saturno muy cerca de mí, cuando viajaba sobre un planeta.

## DESPUES DE LA EXPERIENCIA DEL BIG BANG

Después de experimentar el regreso al origen, junto a otros participantes, Harry le encuentra sentido a su vida. Comprende que en ese enorme espacio y tiempo, desde el origen del Big Bang, él no es, ni se siente, un ser insignificante, pues ahora puede acceder a todos los tiempos y espacios mediante una forma de inmersión cuántica, otra manera de percibir el mundo de la realidad, que el hombre había perdido en su evolución, y que ahora recupera para, en cierta medida, sentirse inmortal.

Desde que Harry termina de experimentar estas experiencias, del regreso al origen, elabora el informe solicitado por diversos organismos que propone las circunstancias de vivir este tipo de percepciones, de modificación de la conciencia. Este informe se lo presenta a los diversos organismos mundiales para que pongan en marcha las actividades necesarias para esa acción.

# INFORME:
## ORIENTACIÓN DEL CAMBIO DE CONCIENCIA

## INTRODUCCIÓN

¿Qué es una vida inmortal?

La pregunta sugiere, que quien es inmortal ha vivido, vive y vivirá para siempre, en todos los tiempos y espacios del cosmos. Ahora, puede que no sea consciente de ello y, de todas formas, en alguna medida, siempre ha sido inmortal y sólo necesita estar consciente de ello. Si alguien, de alguna forma, pueda acceder al universo de la información, desde el Big Bang hasta el final de los tiempos, entonces, cada uno de nosotros tiene la capacidad de ser inmortal. Es como si hubiese vivido durante todo el universo del tiempo-espacio. Si alguien puede identificarse con cualquier persona, animal, vegetal, mineral, energía, etc., en todos los tiempos y lugares, entonces cada una de esas identificaciones, en esencia, permanecen en vida con uno mismo, pues quien se identifica con ellos pasa a ser la identidad representada. Es decir, aquellas identidades son inmortales en espíritu a través nuestro, y aunque no sean identificados por alguien del presente o futuro, siguen siendo inmortales, pues permanecen potencialmente para ser descubiertos por alguien en el futuro.

Ahora, una vez aceptada la capacidad de la inmortalidad, es necesario tomar consciencia de esta capacidad, que opera en forma cuántica, compleja y holística de la realidad. Sin embargo, en consciencia sensorial no podemos percibir y acceder a esa realidad de vida inmortal. La percepción sensorial nos permite vivir en el espacio de realidad media o meso realidad para poder sobrevivir en el planeta de forma consciente. Sin embargo, como sabemos que la mayor parte de nuestra vida ocurre o está dirigida por nuestra vida inconsciente, entonces para acceder conscientemente a la percepción de las identificaciones holísticas señaladas se requiere entrar de lleno a la visión cuántica.

La visión cuántica es el medio que permite recorrer el camino de la inmortalidad de forma consciente. Esta visión nos permite comprender que, durante el nacimiento del universo, todas las partículas estaban juntas, que al explotar en el Big Bang, dieron nacimiento del universo, manteniendo la relación de las partículas que permanecen "unidas", en entrelazamiento cuántico, aunque aparentemente se separen durante la expansión del universo y, entonces, en el fondo no habría separación entre ellas, pues permanecen unidas, como en una relación telepática hasta el fin del tiempo. Esto permite decir, que cada partícula que compone el universo, en todos los tiempos, está estrechamente relacionada con las otras partículas. Y, como las partículas permanecen para siempre son inmortales. Así, como nosotros estamos formados de las mismas partículas, desde el origen del Cosmos, estas tienen toda la información desde ese entonces.

Después de haber visto de dónde venimos (del polvo de estrellas), quienes somos (seres sensoriales mortales) y hacia dónde vamos (seres cuánticos inmortales), debemos ver cómo dirigir y orientar estas nuevas formas de la conciencia y percepción de la realidad.

## (I) FUIMOS POLVO DE ESTRELLAS

¿Cómo comienza la conciencia?

Al igual que el **Big Bang** es el origen del tiempo y del universo que conocemos, la conciencia tiene un origen que va evolucionando en el tiempo. Cada experiencia consciente forma parte de nuevos comienzos o intenciones de otros actos conscientes. De acuerdo a los procesos autopoiéticos y de estructuras disipativas, la estructura de la conciencia se mantiene ante cambios internos de organización. La conciencia es libre, desde el punto de vista de los cambios que determinan su organización pero también su estructura está determinada y se mantiene estable frente a estos cambios. Esto nos lleva a pensar que la estructura de la conciencia guarda un esquema de comportamiento estructurado arquetípico constante que habría sido el comienzo de la conciencia: el impulso inicial del proceso de la conciencia.

Existe una estructura arquetípica (naturaleza interna) de la conciencia que permanentemente actúa e influencia, como un eco, a la conciencia personal, desde lo más profundo de nuestra psiquis. Esta estructura está conformada en un sentido de desarrollo evolutivo. Cada persona, lo sepa o no, está pasando por los niveles de la estructura arquetípica.

La estructura de comportamiento manifestada en nuestra conciencia personal, señala el campo o nivel de la estructura arquetípica en que nos encontraríamos conectados en ese momento al interior de nosotros mismos. Es decir, que la realidad ordinaria estaría conectada de alguna forma a un nivel arquetípico de la conciencia, lo que significa que lo que acontezca en un estado se replica en el otro estado. Los cambios que personalmente experimenta una persona son el reflejo de cambios de nivel en las estructuras arquetípicas. Siempre está "palpitando" en lo profundo algún nivel de la estructura arquetípica que manifiesta sus efectos indirectamente en la conciencia personal. En cierta medida, podemos decir, que estamos permanentemente conectados o comunicados con las diferentes formas de la naturaleza: vegetal, animal, mineral y con los diferentes espacios y tiempos de la naturaleza. Estas "formas" pueden estar actuando en eco y en resonancia con nuestra conciencia, situación que puede originar algunos síntomas que al hacerse conscientes mediante la meditación, el organismo se libere del mismo al consumirse la "forma" en el proceso.

La estructura arquetípica está influenciada por la cultura, educación, medio ambiente, entorno familiar. También situaciones de estrés, conflictos internos, aburrimiento, ansiedad, depresión, frustraciones y cualquier cosa que produzca tensión nerviosa, activan efectos psicosomáticos que se traducen en predisposición a enfermar de úlceras al estómago, enfermedades al corazón, hipertensión sanguínea, molestias digestivas, asma bronquial, etc. De ahí, podemos afirmar, que algunas estructuras de la conciencia arquetípica son propensas a favorecer la aparición de enfermedades, y que otras estructuras de la conciencia arquetípica pueden traer inmunidad a las enfermedades y la tranquilidad que ofrece la salud. Cada nivel de la estructura arquetípica de la conciencia puede manifestarse como reflejo en nuestra vida personal en forma débil o llegar sus alcances hasta la profundidad de nuestra vida.

Ahora, cómo las estructuras arquetípicas del pasado remoto tienen efectos en el presente y futuro de nuestra conciencia, es posible responder que, para que esto ocurra, debemos considerar, que existe un efecto no-local entre dos elementos vinculados en algún tiempo inicial, que trasciende la comunicación espacio-temporal entre ellos. Entonces, se logra el vínculo al conectarse o interaccionar –por ejemplo- un sonido y una imagen del presente, quedando estos dos elementos comunicados, independiente del espacio o tiempo que los separe. Dado que el sonido, que lleva información que no se pierde[4], es una vibración que está vinculada no-localmente con todas las vibraciones del universo del pasado, presente y futuro, que, a su vez, está vinculada con la imagen del presente que "atrae" la posibilidad de un encuentro virtual, relacionado con el tema de la intencionalidad inicial buscada.

En resumen, la conciencia o el primer acto de conciencia fue una configuración arquetípica, que dio origen al "Big Bang" de la conciencia y, que continuó con el tiempo, en procesos recursivos (autopoiéticos) que fueron desplegando una historia (evolución) de la conciencia individual y colectiva. Entonces, podemos terminar haciendo una síntesis de los puntos centrales en que se tocan la física con la conciencia: un nuevo paradigma de evolución de la conciencia:

---

[4] S. Hawking sostiene que cuando algo cae en un hoyo negro, la información que contiene no se destruye. Por otra parte, todos los átomos del universo están vinculados en su origen, el Big Bang por lo cual están comunicados más allá del tiempo, del espacio y de la forma (identidad) que adquieran en él.

- La conciencia trasciende la materia y energía.

- La conciencia comienza desde el origen del universo.

- La conciencia está condicionada en una estructura arquetípica.

- La conciencia está inserta en una estructura disipativa.

- La conciencia es parte de un sistema complejo.

- La conciencia está conectada a todo el universo.

- La conciencia es un proceso autopoiético.

- La conciencia es un proceso que se crea y desaparece a cada instante.

- La conciencia tiene intención, reconocimiento, sincronización y respuesta.

- La conciencia percibe antes que se produzca la intención y respuesta.

- La conciencia es libre de nuestro "yo".

- La conciencia contiene a la memoria: clásica y/o cuántica.

- La conciencia cuántica emerge solo al perturbar la memoria clásica.

El primitivo cavernícola, en su intención, observaba las pinturas rupestres dibujadas en las paredes de su caverna en las profundidades de la Tierra, acompañadas simultáneamente con los ritmos acústicos de los instrumentos que tocaba en la producción del trance. En su libro "El Origen de la Humanidad", el antropólogo R. Leakey, declara que hace treinta mil años aparecen simultáneamente las pinturas rupestres con la fabricación de herramientas.

Con herramientas de meditación y relajación se puede vivir una experiencia consciente de vidas pasadas o futuras, "de vidas anteriores a las humanas, incluso hasta los inicios de la evolución, vidas de animales, dinosaurios, plantas, vidas moleculares primitivas sobre la tierra, minerales, formación de la tierra y de la luna, moléculas, átomos, formación del sol, electrones, protones, formación de galaxias, partículas cuánticas, e incluso del Big Bang mismo". Respecto de las vidas futuras, una proyección transpersonal de la evolución nos pone en contacto con la totalidad del universo de la conciencia, de la unidad cósmica.

La experiencia del ciclo evolutivo es una experiencia muy interesante, pasando primero por el Big Bang, la creación de los sistemas solares, y formación de los planetas, creación de los seres vivos, los animales y todo esto, la persona lo vive siendo ese objeto, como observador-participante, no solamente como una pantalla sino que la persona pasa a ser lo que está meditando.

Todas las cosas cambian. Todas las realidades cambian en casi todos los niveles....Sin embargo, en el nivel de la mecánica cuántica tenemos que las partículas, desde hace unos 15 mil millones de años, el tiempo del Big Bang, no han cambiado. Como a nivel de las partículas atómicas impera el principio de incertidumbre, no es posible conocer la posición y velocidad de una partícula simultáneamente, pues se ve afectada por la observación del sujeto y, por ende, se altera la información contenida en la onda-partícula. Cada una de estas ondas-partículas contiene en su estructura el universo de la información, como un pedazo de holograma en que se despliega toda la información de la placa entera. Si pudiésemos observar esta onda-partícula, sin alterar su contenido, seguramente emergería y desplegaría de ella toda la infinita información implicada en ella. Se ve complejo, pero existe un camino: la conciencia cuántica. La conciencia tiene la particularidad de actuar en la incertidumbre y se debe alterar su estado de modo de conectarse con el mundo cuántico sin producirle un cambio a la onda-partícula permitiéndole, con ello, extraer información implicada en ella. Para poder conectar la conciencia con la onda-partícula se deben "atraer" utilizando para ello un atractor (intención inicial) mantenida por un tiempo determinado hasta que emerja el despliegue de la realidad cuántica impreso en el espacio cuántico. Es un Movimiento de la Realidad.

La mayor y la más importante de todas las crisis es la que afecta hoy a nuestro hogar: la Tierra. Si no podemos cuidar nuestro hogar no tenemos dónde vivir y dónde ir, por lo tanto, es el fin de la civilización. Hasta ahora hemos pensado que la Tierra se cuida sola y que tenemos el derecho de destruirla y contaminarla. No hemos pensado que tiene vida y que su misión es mantener la vida en toda su extensión. Hemos conocido últimamente la preocupación de los científicos del cambio del clima del planeta pero en esto estamos todos y todos debemos hacer algo. Tomar conciencia de que estamos destruyendo toda la evolución que tardó quince mil millones de años y somos responsables de provocar en solo doscientos años, incluso diría en solo cincuenta años la mayor depredación de la historia no solo de la humanidad sino del universo desde que fue creado: el Big Bang[5].

Este salto evolutivo, o Big Bang del comienzo de la rápida evolución de la conciencia, estaría influenciada en gran medida, por la construcción de esa "máquina del tiempo" (combinación de sonido e imagen) para acceder a la realidad cuántica.

De acuerdo a las últimas investigaciones de S. Hawking, lo único que no se pierde en un agujero negro es la información, que puede escapar de su fuerza de atracción. Por otra parte, todas las partículas del Universo permanecen vinculadas desde su nacimiento (Big Bang) y, por lo tanto, contienen toda la información relacionada con dichas partículas: el universo entero.

---

[5] Carl Sagan, en su calendario cósmico comprime los 15 mil millones de años equivalentes a un período de un solo año. Entonces, el **Big Bang** ocurre el 1 de enero, el origen de la Vía Láctea el 1 de mayo, el origen del Sistema Solar el 9 de septiembre, la formación de la Tierra el 14 de septiembre, el origen de la vida el 25 de septiembre y el 31 de diciembre a las 22:30 aparece el hombre.

## (II)  SOMOS SERES SENSORIALES MORTALES

Hoy por hoy, para estudiar la realidad del universo, se acepta el efectuar una separación de la estructura del conocimiento a gran escala, a media y a pequeña escala. La mente no escapa a ello. La conciencia sensorial podemos asimilarla a que en condiciones normales tiene acceso al conocimiento de la realidad solo a media escala y en la conciencia cuántica se adquiere conocimiento directo de la realidad a pequeña y a gran escala.

La mayor parte de las personas se mueve ordinariamente en los mundos de la realidad sensorial y personal. Bajo ciertas condiciones y circunstancias la persona puede acceder a los otros mundos. Cada mundo, como cada realidad, sólo pueden comprenderse en su propio reino. Así, como el mundo sensorial no percibe los demás mundos, la realidad que presenta, por ejemplo, cada sentido, tampoco tiene acceso a la realidad de otro sentido.

El mundo de la realidad sensorial al que todos estamos acostumbrados, está delimitado por el buen funcionamiento de nuestros cinco órganos sensoriales. Siempre se le ha dado jerarquía a los sentidos, otorgándoles mayor importancia a un sentido que a otro. Ahora bien, quien no tuviera ojos, cómo podría saber la sensación que produce una hermosa puesta de sol; quien no tuviera oídos, cómo podría saber la sensación que produce escuchar el concierto de música de la sinfonía de Beethoven; quien no tuviera olfato, cómo podría saber la sensación que produce la gama de perfumes de las rosas en primavera; quien no tuviera sensación táctil, como podría saber la sensación que produce estrechar el cuerpo de una mujer amada; quien no tuviera sensación gustativa, como podría saber la sensación que produce saborear las comidas. Todos los sentidos son muy importantes y se complementan sinérgicamente[6]. El supuesto básico que sostiene este mundo, es que cada elemento de él es objetivo e independiente. Cada cosa existe por sí misma.

Una de las características del chamán, o en este caso, del guía de taller de meditación, que no hay que descartar o dejar de lado, y que puede tener importancia en el éxito de la experiencia, es que tanto como la creencia que se debe tener en el proceso y de expresar un sentimiento de absoluta seguridad en él, lo que es captado consciente o inconscientemente por los participantes y favoreciendo con ello la inmersión plena en los estados alterados de conciencia, existe además un fenómeno, frecuentemente observado de comunicación transpersonal (telepático) desde el guía hacia el participante, que se presenta durante el desarrollo de la meditación y que favorece la respuesta visionaria del meditante. De ahí que, es fundamental que el guía aprenda a desplazarse y permanecer en la funcionalidad dual de la conciencia, aún en un estado que aparentemente se perciba para el resto como solo en conciencia sensorial (ordinaria). No basta con aplicar una técnica o un procedimiento sin

---

[6] Eduardo Punset señala que aunque los procesos de imaginar o ver son muy similares los sentimos diferenciados: "cuando imaginamos, efectivamente está activado el sistema visual, pero se desactiva la entrada de datos auditivos, somatosensoriales y visuales del ojo, y se inhiben estas áreas en el cerebro. Si no se inhiben estas áreas, lo que estamos haciendo es ver. Todos los sentidos están actuando y nos estamos preparando para actuar. Sin embargo, cuando imaginamos, hay zonas "desconectadas": no se pretende actuar y, por tanto, solo se activa parcialmente el sistema visual." *El Alma está en el cerebro*. Eduardo Punset.

considerar estos factores que pueden llegar a ser fundamentales para el proceso de la meditación. En muchas ocasiones, el meditante recibe información del guía de forma transpersonal, fuera del procedimiento mismo de la inducción del trance, por lo que no debe dejarse de lado esta variable. Muchos fracasos en la inducción de estos estados pueden estar explicados por este factor. No hay que olvidar que en última instancia, sobre todo en estos estados cuánticos, estamos unidos en una unidad de conciencia. Este fenómeno puede estar emparentado, con lo que se conoce como shaktipat, sensación experimentada como una especie de atracción emocional o psíquica, donde basta una mirada, una palabra, un gesto o el toque personal del guía para producir en el participante una profunda manifestación de energía y caída en trance sin mediar para ello de otros factores.

Uno de los fenómenos que se está produciendo en la actual sociedad tecnológica y mecanicista, es que el individuo comienza a perder la capacidad de usar sus sentidos por estar sumido en un estado, cada vez, más alejado del presente. Él mira, pero no ve; escucha, pero no oye; toca, pero no siente; en una palabra, emplea sus órganos sensoriales pero no está percibiendo la realidad del presente. Pues se pierde pensando en el pasado o proyectándose en el futuro, no estando atento a lo que ocurre en el momento en frente de sí. Se encuentra en un estado alienado del presente. El presente es extraño para él, pues es dependiente de lo que ha ocurrido en el pasado o pueda ocurrir en el futuro. Pierde su libertad con esta dependencia, aunque no sea consciente de ello.

Cómo recuperar el presente perdido, es quizá uno de los problemas cruciales de nuestro tiempo. Sin embargo, para comenzar a redescubrir el presente es necesario que se comprenda que estamos en una condición que niega la verdad del presente. Ahí, se inicia el descubrimiento de que existe un camino para vivir el presente en cada instante de la vida. En el presente, desaparecen las intenciones de controlar al otro, de competencia, de agresión y, por el contrario, se comparte, coopera y acepta a los demás tal como son. La historia del hombre ha sido la historia de pérdida del presente, volviéndose cada vez más extraño para él. El futuro del hombre depende de si logra o no redescubrir el presente que ha perdido hasta hoy. Cuando lo alcance, entonces y sólo entonces podrá decirse que ha vuelto a renacer en un mundo nuevo.

Descubrir la identidad del individuo en el presente es darse cuenta de quienes somos en su forma alienada. Así, normalmente el sujeto se identifica en la función que desempeña o ha desempeñado en el pasado o lo que cree desarrollará en el futuro ("soy profesor", "soy investigador").

Redescubrir la identidad del PRESENTE, es darse cuenta de quiénes somos realmente. Yo soy el que soy en el presente y nada más. Mis actitudes de ahora son el reflejo de lo que soy. Yo no soy el que fui ni el que llegaré a ser, sino que soy por lo que hago ahora. Por mis hechos del momento, soy en el presente.

Descubrir la sumisión, entonces, significa tomar conciencia ahora mismo, del cambio que hemos experimentado durante el transcurso de nuestra vida. Cómo pasamos desde la infancia, de ser actores del proceso de transformación, a un estado adulto de manipulación y sometimiento de voluntades; desde un estado de conciencia transpersonal del niño, a un estado de conciencia instrumental de la adultez; desde un estado de presencia vivencial del momento, a un estado de ausencia temporal-espacial; desde una emoción de felicidad, a uno de tristeza; desde un estado de ser uno mismo, a otro de ser alienado; desde un estado de sinceridad y verdad, a otro de mentiras y fingimientos; desde un estado de espontaneidad, a otro rutinario y mecánico; desde un estado creativo, a otro de pasividad.

Se nos enseña que no existen dualidades de la conciencia. Veremos que en ocasiones podemos tener dos o más formas de percibir el mundo de la realidad.

Así, existen varias visiones en que se presentan diversas formas de percibir la realidad: la sinestesia y la memoria.

Sabemos que existen diversas razones para pensar que existe más de una realidad. Tenemos, por ejemplo, los fenómenos sinestésicos. En raras ocasiones se mezclan mundos distintos o se intersectan o superponen los diferentes sentidos. Esas raras ocasiones, son consideradas relativamente normales por los neurólogos y se les conoce con el nombre de sinestesia. Se define, esta como "condición algo peculiar en la cual los sentidos se entrelazan. Por ejemplo, una persona puede ver colores cuando oyen un sonido, o puede probar realmente palabras; estímulo de un sentido, se parece o causa un estímulo inadecuado de otro".

Se dice que esta particularidad de ocurrencia de forma espontánea, es una entre 25.000 personas. Otros opinan que se da una entre 2000. Sin embargo, en estados especiales de conciencia puede ser obtenida por la mayor parte de las personas, que incluso se habla que todos tenemos esta capacidad en estado latente pero habitualmente se encuentra dormida y que puede ser despertada con alguna estimulación sensorial.

En resumen, los sinestésicos ven sonidos, otros sienten colores o saborean formas. Según Hubbard, la sinestesia ocurre porque algunas partes del cerebro que perciben los colores están muy próximas a las que procesan el habla, el lenguaje y la música. En los estudios de la sinestesia se han identificado 19 tipos de sinestesias: sonidos (verbales, musicales, generales) que evocan colores, sabores y tacto; números y letras que evocan colores; dolores, sabores y olores que evocan colores; visiones que evocan sabor y contacto; contacto que evocan sabor color y olor; etc. Stanislav Grof describe por ejemplo sensaciones sinestésicas como "el sonido de unas tijeras abriéndose y cerrándose cerca del cráneo confiere la sensación realista de que a uno le están cortando el pelo;  el zumbido de un secador de pelo puede producir la sensación del aire caliente en la cabellera; al ruido de una cerilla que se enciende, le puede seguir el olor a azufre quemado; y la voz de una mujer que le susurre al oído, le permite a uno percibir su aliento". También en el mismo grupo de experiencias sinestésicas Grof señala "experiencia de cambios de temperatura, dolor físico, sensaciones táctiles, sentimientos sexuales, percepciones olfativas y gustativas, y diversas cualidades emocionales".

Entre las experiencias en talleres de meditación, que provocaron fenómenos de sinestesia tenemos los siguientes:

Después con las campanitas, al escucharlas las sentía como unas pequeñas luces brillantes;

La piedra me la imaginé de color azul al comienzo luego se puso roja oscura, pero siempre había un haz de luz al centro que brillaba.

Visualicé las flores (con su olor), la tierra, los pájaros, la brisa, el ruido del agua al correr.

Visualicé todas las imágenes que escuchaba, color, forma, hasta olor.

Sentí al tacto una sensación de tamaño, color que se mezclaba entre el negro y el blanco.

Otra diferenciación de formas de percibir la realidad se da en la memoria.

Desde que estamos en este planeta, usamos la memoria en todas nuestras actividades, durante todo el tiempo. Incluso cuando dormimos y soñamos. Podemos recordar lo que pasó hace un momento, lo que pasó ayer, hace una semana, un mes, un año y, en fin, lo que sucedió hace mucho tiempo. En todas estas ocasiones estamos recordando, es decir, usando la memoria. Ahora, para usar la memoria debemos previamente haber tenido una experiencia de la sensación que recordamos. En esta experiencia participaron los sentidos de la visión, audición, olfato, gusto o tacto. Toda nuestra vida ha transcurrido con esta forma de percibir la realidad: capturar un objeto con los sentidos y posteriormente recordar esa experiencia con "nuestra" memoria condicionada. Aprendemos cuando recordamos. Nos curamos cuando recordamos. Creamos cuando recordamos. Somos inteligentes cuando recordamos. Es un paradigma de la memoria como archivo personal de las experiencias sensoriales. Es una visión fotográfica de la realidad o Egovisión de la realidad. En fin, somos memoria.

Cambiar esta realidad, o forma de percibir el mundo, es un cambio de paradigma. Para comenzar pensemos, ahora, que la memoria está fuera de nuestro cuerpo. Es un campo que no tiene límites de espacio y tiempo. Es equivalente al inconsciente colectivo de Jung. Es la memoria de la Naturaleza de Sheldrake. Para acceder a este campo ilimitado de la memoria, del nuevo milenio, debemos primero cambiar nuestra forma de percibir la realidad, cambiar de paradigma. Es decir, si percibimos como lo hacemos habitualmente, nos mantenemos en contacto con la memoria condicionada ordinaria, descrita en el párrafo anterior. Sin embargo, si producimos una interferencia o perturbación sensorial visual-auditiva o táctil-auditiva u otra combinación sensorial, se accede conscientemente al campo implicado e ilimitado de la memoria no-local. Es lo que hacían nuestros antepasados y lo que hacen los niños en sus primeros años. Es un nuevo paradigma, de la memoria como archivo del universo de experiencias de la humanidad. Es una visión holográfica de la realidad u Holovisión de la realidad[7].

Otra forma de ver la diversidad, es la mirada del Yin Yang que nos muestra la dualidad de la realidad.

Sabemos que cuando nos referimos a la relación yin yang, estamos hablando de lo femenino y masculino; día y noche; fuerte y débil; calor y frío; silencio y ruido; etc. El proceso de meditación y relajación del programa educación sin fronteras comprende ambas visiones para cada parte del sistema. Así, en la relajación, como en las diversas formas de meditar, se presentan técnicas que comprenden ambos puntos de vista.

Podemos asimilar que la función cerebral puede ser la mejor forma de describir el proceso integrativo de la visión arquetípica del yin yang, pues cada hemisferio cerebral tiene la particularidad de tener un funcionamiento complementario al del otro hemisferio. Así, el HI se especializa en el lenguaje, lectura, escritura, análisis, matemáticas y en el razonamiento lógico. El HD se especializa en las imágenes, formas, símbolos, ritmo, música, espacio y en la percepción holística.

La Biología ha permitido conocer el funcionamiento de los hemisferios cerebrales. Se ha descubierto a través de operaciones quirúrgicas que al separarlos, cada hemisferio tiene su propio lenguaje y que normalmente actúan cooperativamente ambos. También se ha investigado que el hemisferio izquierdo funciona con ondas cerebrales beta de baja longitud y alta frecuencia y, el hemisferio derecho con

---

[7] Corresponde a la memoria akáshica de los antiguos o memoria cuántica de A. Goswami que está "escrita en el vacío…en ninguna parte".

ondas alfa y theta de mayor amplitud y menor frecuencia. Dado que la creatividad, imaginación, percepción de modelos, salud y otros aspectos positivos del funcionamiento cerebral, están asociados al hemisferio derecho, entonces comprender el lenguaje cerebral es un medio para acceder a la amplitud de su territorio. Mediante las psicotécnicas como la meditación, ensoñación dirigida, relajación, focalización de la atención, imaginación, paradojas, prescripciones de comportamiento, rituales, diálogos interactivos, es factible acceder al lenguaje metafórico del hemisferio derecho. Existen tres formas de "viajar a la derecha" cerebral: primero, hablar el lenguaje adecuado a ese ambiente; segundo, bloquear el lenguaje del otro ambiente (HI) y tercero, obedecer o seguir una orden o prescripción. Esto es lo que se intenta conseguir con los procedimientos de las meditaciones y relajaciones. Primero se fija una intención (meta), seguido de una visualización y terminando con un bloqueo y sobrecarga del hemisferio izquierdo (música rítmica).

Durante el proceso de evolución de la conciencia, iremos descubriendo en qué forma de la expresión china yin yang, armonizamos nuestro accionar en la vida cotidiana.

El proceso que debe seguir el individuo, es descubrir el tipo de técnica que mejor se aviene a su forma de percibir y actuar en el mundo de la realidad, en su forma Yin Yang. Es así, que ejercitándose en las diversas formas de relajación y/o meditación, cada individuo descubre cuál es su técnica propia para el descubrimiento de sí mismo.

Cualquiera de estas técnicas puede ser, entonces, una puerta de entrada y acceso al campo prepersonal, arquetípico o transpersonal. Sin embargo, cada uno de nosotros llega a descubrir y terminar su búsqueda en sólo alguna de ellas. Cuando lo descubra, lo sabrá. Es como un recuerdo que ignorábamos, y llega de repente a nuestra memoria. Por ahora, deberá ensayar con todas las técnicas, pues muchas veces la que creemos que pueda ser adecuada a nosotros, en verdad no lo sea. Por ello, hagamos nuestros esfuerzos e intentos de búsqueda con la multiplicidad de las técnicas, orientadas en su forma yin yang.

Las dos visiones, señaladas en los párrafos anteriores, son complementarias. Con ellas aprendemos, sanamos, creamos, vivimos y somos. Podríamos decir, que la primera, la Egovisión, corresponde a una visión fragmentaria del hemisferio izquierdo, donde existe una conciencia de separación: identificación de sí mismo, de las cosas, personas, animales, etc. Incluso percibe a su cuerpo separado de su mente y de todo lo demás; sus pensamientos son solamente suyos; su memoria lo mantiene sujeto al pasado. Es un sistema o forma de vida imperante en nuestra actual sociedad en donde los elementos que la sostienen y le dan su "razón" de existencia son básicamente la causalidad, la competencia y apropiación de objetivos del prójimo, incentivar el egoísmo, fragmentación de la educación y cultura, adoración del poder y la riqueza, del dinero, posición social, impulsar el consumismo y mantener al individuo en un estado latente de sumisión y programación, causantes de la tensión nerviosa o estrés.

La segunda visión, la Holovisión, en cambio, corresponde a una visión holística del hemisferio derecho de nuestro cerebro.

# (III)  SEREMOS SERES CUÁNTICOS INMORTALES

Un cambio de paradigma, es no sólo saltar a otro nivel de la información, sino a otra forma de "hacer" y "ver" la información. En una palabra, es un salto cuántico de una estructura disipativa, que es el conocimiento de la meditación (conciencia), en este caso.

Quizás el descubrimiento del significado de las figuras geométricas, que ahora conocemos como imágenes entópticas, en las cavernas del hombre primitivo, sea uno de los hallazgos más importantes de este siglo. La evolución de los humanos pudo derivar de la capacidad de utilizar herramientas para la producción de sonidos y acceder así a estados de ampliación de conciencia, como la conciencia cuántica. La capacidad de escuchar concentradamente permitió desarrollar esta otra fase de su conciencia que incidió en su comportamiento social y cultural.

En Biología el rol neurológico que asumen los microtúbulos[8] en la percepción cuántica al momento en que se repliega la conciencia sensorial durante el proceso de experiencias cercanas a la muerte. En estas experiencias la persona que deja de recibir estímulos sensoriales, por la crisis que está viviendo, experimenta una serie de sensaciones internas como las que describe un paciente de Raymond Moody en sus investigaciones de sus "cámaras de espejos". "Primero vi visiones en el espejo; bueno al principio eran formas de colores y pequeñas manchas o chispas que relucían. Vi una

---

[8] Teoría de Roger Penrose y Stuart Hameroff que postulan que los microtúbulos tienen operatividad y efectos cuánticos.

gran neblina que se levantaba y llenaba todo el espejo, como una gran niebla que entrase por la ventana; y después de la neblina hubo una luz brillante. Vi una luz muy a lo lejos, y escenas, pequeñas escenas breves; pero lo que atrajo mi atención fue un camino, y supe que tenía que seguir ese camino o moverme en ese sentido".

Parece ser, que para acceder a las realidades transpersonales y arquetípicas, debiéramos atravesar primero un campo de experiencias del nivel cuántico, nivel que nos recuerdan los símbolos grabados en las cavernas primitivas que significarían el proceso que experimentaba el hechicero en el inicio del trance, en la oscuridad de la caverna. De las imágenes grabadas, se ha ofrecido, recientemente, una nueva e interesante interpretación: son los signos que delatan el arte chamanístico, procedentes de una mente en estado de alucinación. En el primer estado, el sujeto ve formas geométricas, tales como retículas, zigzags, puntos, espirales y curvas. Estas imágenes, seis formas en total, son brillantes, incandescentes, vívidas y poderosas. En un estado más profundo, se "está con frecuencia acompañado por la sensación de atravesar un vórtice o un túnel en rotación."

Todos hemos tenido la experiencia de nacer, pero seguramente pocos son conscientes de este proceso.

Todos tenemos la experiencia de vivir, pero pocos son conscientes de la plena presencia.

Todos podemos identificarnos con otros, pero pocos trascienden verdaderamente su identidad.

Todos llegaremos a morir, pero pocos saben de la Experiencia Cercana a la Muerte (ECM).

Muchos conocen resultados de la física cuántica, pero pocos han tenido una experiencia cercana en el nivel quántico.

Todos quizás hemos oído sobre la trascendencia, pero pocos son los que la han experimentado.

La experiencia trascendente, permite revivir el proceso del nacimiento.

La experiencia trascendente, permite estar plenamente presente y trascender el tiempo y el espacio.

La experiencia trascendente, permite identificarse con ave, peces, animales, personas o cosas.

La experiencia trascendente, permite tener una ECM.

La experiencia trascendente, permite acceder a una visión cuántica directa del Universo.

Como hemos visto, estudiosos de la física cuántica, pioneros tales como Schrödinger, Heisenberg, Bohr, Pauli, Bohm, Pribram, Mitchel, Puthof, Laszlo, nos sugieren la comprensión de que el espacio invisible que existe entre los objetos forma parte esencial de la continuidad en la relación existente entre ellos y, por tanto, la mente permite crear realidades en ese espacio que lo impregna todo: el Campo Punto Cero[9] (CPC).

Habitualmente consideramos que nuestra percepción de la realidad está referida a la operación y funcionamiento normal de nuestros sentidos. Así, tenemos que la realidad se nos presenta solo como un objeto de percepción (visual, auditivo, olfativo, gustativo y táctil). Sin embargo, desde el punto de vista de la percepción compleja ésta no es más que una forma reducida de percepción de la realidad.

El comportamiento humano de la percepción, puede abarcar desde estados normales de percepción de la realidad hasta profundos estados internos de percepción compleja de la misma.

Podemos agrupar, básicamente, cinco grandes niveles de percepción compleja.

El primer lugar lo ocupa el nivel de la Percepción sensorial externa (PSE). El segundo lugar lo ocupa el nivel de la Percepción imaginativa (PI). En tercer lugar, tenemos el nivel de la Percepción virtual simple (PVS) (pantalla). En cuarto lugar el nivel de la Percepción virtual compleja (PVC)

---

[9] Joe Dispenza, sostiene que la conciencia objetiva es el CPC y que todos estamos conectados a él brindándonos la vida (subconscientemente) a través del mesencéfalo, el cerebelo y el tronco cerebral. La conciencia subjetiva (en neocortex) es exploradora, de identidad que aprende y desarrolla comprensión en la expresión de la vida. Campo Punto Cero (CPC) de acuerdo a la física cuántica, respecto de la naturaleza fundamental de la materia, corresponde a un "mar pulsante de energía" y vibraciones microscópicas existente en el espacio entre las cosas. Es decir, todo está conectado con todo lo demás en una trama invisible.

(inmersión). El quinto lugar lo ocupa el nivel de la Percepción holística (PH).

Considerando las referencias obtenidas de diversas fuentes, podemos señalar que las experiencias involucradas en estos estados "normales" y no ordinarios de conciencia, guardan estrecha relación con las estructuras de la percepción compleja manifestadas en la conciencia. Así, podríamos reestructurar la percepción como conformada por cinco capas, estructuras, o niveles de percepción diferenciados: PSE, PI, PVS, PVC, PH.

Los niveles de inteligencia conforman dos grupos representativos del funcionamiento de la percepción. Así, por ejemplo, podemos dividir un ámbito de Percepción Interpersonal que comprende el nivel PSE y de un ámbito de Percepción Intrapersonal que contempla los niveles PI, PVS, PVC y PH.

Mientras vayamos descubriendo los diversos niveles de la percepción, veremos que se reflejan en nuestra conciencia Inter e intrapersonal de nuestra existencia. Si bien, en condiciones habituales, en control consciente, estamos recibiendo el impacto de ambas estructuras (Inter. e intrapersonal) en sus grados mínimos (PSE, PI) y, por otro lado, en condiciones de sueño estamos en niveles de percepción inconscientes (PVS, PVC, PH). Sin embargo, podemos orientar conscientemente el proceso de combinación de las percepciones complejas mediante algunas técnicas de expansión de la conciencia: estructuración intrapersonal de la meditación cuántica.

Es interesante observar, que los niveles de percepción señalados, se pueden asimilar a las ondas cerebrales en las cuales operan. Así, la PSE se presenta con ondas del tipo Beta (13-26 c/s); la PI se presenta con ondas del tipo Alfa (8-13 c/s); la PVS se presenta con ondas bidimensionales Alfa-Theta; la PVC se presenta con ondas del tipo Theta (4-8 c/s); la PH se presenta con ondas Delta (0-4 c/s).

Las imágenes, emociones, sensaciones físicas y características básicas que producen las diversas estructuras de la percepción compleja son las siguientes:

La primera percepción, sensorial externa (PSE), contempla las capacidades de sensación y observación del conocimiento de la realidad.

La segunda percepción, Imaginativa (PI), debe contener un conocimiento de la realidad mediante nuestra propia imaginación, que se asemeja a la PSE pero donde están inactivas ciertas áreas cerebrales, que permiten diferenciar la realidad externa con la interna, como lo señala Eduardo Punset (ver nota anterior).

La tercera percepción, virtual simple (PVS), nos permite conocer la realidad presentada al sujeto como en una pantalla de representación de la realidad, como la experiencia de visión en 3D con gafas, o del sistema tradicional de realidad virtual con equipos. Este mecanismo, por su forma de acceso a una realidad virtual, tiene incidencia solo la participación de una realidad sensorial no integrando o desarrollando en el proceso, la imaginación, los mecanismos de la percepción, la memoria, los procesos de sincronicidad, elementos fundamentales en la ampliación de conciencia.

La cuarta percepción, virtual compleja (PVC), permite comprender la realidad en un sentido de relación directa e inmersiva de la identidad propia con la de otras personas, animales o cosas. Se manifiesta al:

- Sentir como propias las emociones ajenas.
- Identificación con la conciencia de otros.

Como he señalado, el Software de Realidad Virtual (Meditación cuántica), consiste en un modelo modular y tecnológico, que permite acceder a la realidad virtual (realidad perceptiva sin soporte objetivo) y, donde mediante un dispositivo (Hardware) y una forma o proceso tecnológico (software) se puede modelar la realidad. El dispositivo (Hardware) utilizado es el cuerpo. El proceso (Software) o forma de modelar la realidad contempla la generación de impulsos nerviosos, principalmente, visuales y acústicos que en el proceso circular de la energía nerviosa, provocan una interferencia vibratoria de ondas neurológicas conformando un holograma de interferencias, que despliega en una imagen virtual con participación de todos los canales sensoriales (vista, oído, tacto, olfato y gusto). Si se mantiene la coherencia de los impulsos neurológicos, a través de la estimulación acústica, cada imagen virtual que aparece, retroalimenta una nueva percepción y una descripción por el intérprete, transformándose así, en una historia virtual continua.

La quinta percepción, holística (PH), persigue trascender identidad-espacio-temporal. Se manifiesta en:

- Capacidad para ser actor multidimensional de todas las realidades.
- una relación con todo lo que nos rodea.
- alcanzar la percepción consciente de estar Todo en Uno y ser Uno con Todo.
- un contacto virtual con todos los seres y cosas del planeta o con otras dimensiones.
- una comprensión de tu relación con el universo.
- crear realidades en ese espacio que lo impregna todo: el Campo Punto Cero.

# EPÍLOGO

Harry, con la entrega de su informe, descubre que ahora se encuentra en la Era de la Creación. Piensa y comprende que la historia de su vida comenzó allá en los confines del universo hace un tiempo inimaginable, en un punto minúsculo de enorme energía intencional. Ahora, Harry, desde un punto final del tiempo de evolución del universo, regresa al origen recreando en su mente el despliegue de la realidad implicada del proceso de la evolución cósmica. Cree que cada uno de nosotros puede volver a una realidad que está presente allí, esperando ser descubierta, pero que al momento no sabía develarla. Harry y sus ayudantes, después de sus investigaciones, lograron un salto cuántico e inmortal de la percepción: Volver a recordar lo que somos y que puede ser el origen de una nueva forma de enfrentarse a las amenazas que se ciernen sobre este mundo.

www.ingramcontent.com/pod-product-compliance
Lightning Source LLC
Chambersburg PA
CBHW080536190526
45169CB00007B/2524